資源採掘から環境問題を考える

——資源生産性の高い経済社会に向けて——

谷口正次

目次

地球環境と資源

地球環境問題は資源問題

人類は、昨年、第三千年紀(3rd Millenium)を迎えました。われわれは、今や〝地球の限界に直面した最初の人類世代〟であると言われています。そして、地球規模の環境問題、すなわち地球温暖化、異常気象、森林消滅、生態系破壊、爆発的人口増加、水不足、食料問題、砂漠化、資源の枯渇、生物種の消滅、オゾンホールの拡大、大気・水質・土壌の汚染等々の進行の速さを音楽のテンポにたとえるとアレグロで、これに対する人々の対応はアダージョのように思えてなりません。言い換えると、地球環境の劣化という〝挑戦〟に対して、持続可能な地球づくりという〝応戦〟があまりにテンポが遅いと感じられてならないのです。そのギャップは拡がる一方ではないでしょうか。

これは、人々の意識が、次のような有名なフランスの小咄のような状態からなかなか抜け出せないからではないでしょうか。

「ある夏の日に、池の中に一枚の睡蓮の葉が浮かんでいました。その葉は二四時間ごとに一枚が二枚、二枚が四枚、四枚が八枚とふえていき、六〇日で池が睡蓮の葉で覆いつくされて池の中の生物がすべて窒息して死んでしまいます。この場合、池が半分だけ葉で覆われるのは何日目でしょう」

答えは、五九日目です。池の中の生物が死滅するまでにあと一日しか残されていないのに、ほとんどの人たちは未だ池は半分空いているではないか、と思っているのです。明日では遅すぎるのに。

さて、地球環境問題は、根本的には文明の問題ですが、私は、資源問題であるという認識をもっています。産業革命以降のあらゆる経済学が地球環境と資源は有限であるということをまったく無視してきたことは驚くべきことです。また、一部環境経済学者を除いては相変わらず無視し続け、一国の経済運営のことにのみ汲々としているように思えてなりません。そして、経済発展=進歩と考え、大量生産、大量消費、大量廃棄の文明から抜け出せないでいるのです。また、地球の資源は売買、あるいは開発すべき商品として扱われ、これを商品化するための費用がそのまま価格とされるのです。したがって、大気とか自然の生態系などは、市場メカニズムの対象にならないのです。その間、労働の生産性は飛躍的に向上しましたが、資源の生産性はまったく無視されてきたのです。すでに持続不可能になってきているにもかかわらずです。

資源と言うとき、それは地下資源、森林資源、漁業資源、水資源、生物資源などを意味しますが、これらすべての地球上の資源が枯渇に向かっており、その限界に近づきつつあるのです。なかでも、地下資源は再生産が不可能で採掘すればなくなるという、当たり前の大原則があるのですが、このことが意外に認識されていないのです。

人類が初めて金属を使い始めたのは約八〇〇〇年前と言われています。この青銅器で始まる金属文明の八〇〇〇年の歴史のうち、産業革命以降のたった二〇〇年で、八〇〇〇年間の銅生産量の九九%を使用し、しかも、最近の三〇年間に、その四五%以上を使用しました。このことは銅に限らず金、銀、鉄、その他非鉄金属についても同じです。

これまでの先進工業国の資源収奪型文明の持続不可能な発展形態を、発展途上国がさらに後追いしている現状では、依然、大量消費・大量廃棄によって資源の浪費が続くことが予想されるのです。脱物質化が叫ばれ始めてはいますが、ローマクラブの予測にもあるように＊幾何級数的な生産・消費の伸びからすると、よほど早く進めないと間に合わないのではないでしょうか。

(注) 幾何級数的＝ある事柄が何倍かずつ増えていくこと。増加が急激なさま。

もちろん、これまでに発見されていない新しい鉱床の探索、技術の進歩によって、これまで稼動の対象になっていなかった低品位の鉱床の開発、未利用資源の活用、海底の資源開発などによって、ある程度持続させることはできるでしょうが。

地下資源以外の森林資源や漁業資源、そして水資源なども、再生可能とは言っても、再生速度を大幅に上回る速度で採取すれば当然ながら枯渇してしまう。そして、いったん枯渇してしまった資源を回復させるには膨大な時間がかかるのです。

さらに、資源問題を語るとき、南北問題を抜きにするわけにはいきません。世界人口の二〇％の先進工業国が、世界の八〇％の資源を消費しているのに対して、世界の八〇％を占める発展途上国の人たちは、二〇％しか資源を消費していないのです。また、アメリカは世界の四％の人口で三〇％の資源を、日本は二％の人口で一二％の資源を消費しているのです。そしてアメリカの一年間のエネルギー消費量は、インドのじつに四〇年分に相当するのだそうです。これが、まさに南北問題なのです。

国連のアナン事務総長は、一九九九年一月、ダボス会議において世界の指導者や経済人に向かって、人権・労働・地球環境に関するグローバル協定(Global Compact)を提案しました。そして、二〇〇〇年七月、〝持続可能な発展のための世界経済人会議〟（ＷＢＣＳＤ）のメンバー企業の経営トップを国連本部に招請して、グローバル協定について正式に要請した結果、ＷＢＣＳＤはこの要請を受け入れることにしたのです。そのときアナン事務総長は、今や世界はグローバリゼーションが席巻しつつあるが、グローバリゼーションの顔が見えないばかりか、その成果の配分が発展途上国にとって公平でない、といったことを述べているのです。これが、すなわち南北問題です。

グローバル協定は、9項目の原則からなり、事務総長が世界のビジネス・リーダーに対して要望する、という表現になっています。地球環境に関しては第7項目から第9項目までで、内容は次の通りです。

第7の原則：環境問題に対して、予防的なアプローチをすることを要望する。
第8の原則：地球環境に、より大きな責任を担うためにイニシアチブをとることを要望する。
第9の原則：環境にやさしい技術の開発とその普及を促進することを要望する。

特に第8の原則には、従来、企業経営者が環境問題に対して取ってきた行動(従来のアプローチの仕方)と今後取るべき行動の指針(責任あるアプローチの仕方)が、次のように対比して示されているばかりか、資源生産性について言及されているのは大変興味深いことです。

●従来のアプローチの仕方：
・非効率的な資源消費
・エンド・オブ・パイプ（出口で解決を図る方法）の処理
・パブリック・リレーション（ＰＲ）
・消極的対処
・マネージメント・システム
・一方通行型コミュニケーションと受け身の姿勢
●責任あるアプローチの仕方：
・資源生産性重視
・クリーナー・プロダクション
・コーポレート・ガバナンス（企業統治）
・積極的対応
・ライフサイクルに基づくビジネス・デザイン
・多重方向型コミュニケーションと積極的対話の姿勢

ところで、南北問題を語るとき、最近の中国をどのように位置づけたらよいのでしょうか。中国が、今や西側（北側と言うべきか）先進国のたどったと同じパターンの工業化を進め、急速な経済成長を遂げつつあり、世界の食糧問題、エネルギー問題、資源問題、人口問題、安全保障問題、そして地球環境問題に大きな影響を与えるまでになったことは脅威です。その中国が、鉄鉱石、石油、そして石炭まで輸入を始めているのです。石炭については、中国は世界有数の資源保有国ですが、撫順など内陸部にある石炭を、急速に工業化が進んだ沿岸部の華南地区に運ぶ鉄道の能力不足から、輸入せざるをえないわけです。鉄鉱石、石炭は主としてオーストラリアから、石油は中東から、と言った具合です。

南米ベネズエラには、オリノコ川沿いにオリノコタールと呼ばれる、粘り気の多い化石燃料資源がありますが、その埋蔵量はサウジアラビアの石油資源量に匹敵します。この地に、なんと中国が採掘権を取得しているのです。このオリノコタールは、添加物を加えて粘り気が少ない、オリマルジョンと称する一種の化石燃料に加工して普通の原油と同じように石油タンカーによって運ばれます。

オリマルジョンは、今、日本を含む世界の各所で発電用燃料として使用されています。このオリマルジョンは、燃焼の際、炭酸ガスの発生量が他の化石燃料よりも一六%少ないということです。一方で、燃焼したあとの灰の中に、合金や電池などをつくるために必要で、貴重な金属資源であるニッケルとバナジウムが、普通の石油に比べて多く入っているのです。ところが、これら大変に貴重な希少金属とも言うべきものが、重金属と称して忌み嫌われるのはどうしても理解し難いものがあります。すでに、ほとんど完全にニッケルとバナジウムを燃焼灰の中から抽出する技術が確立しているにもかかわらずです。枯渇に向かっている貴重な資源が廃棄物のなかに入っていて、しかも経済的抽出が可能なのです。

先進工業国は、発展途上国の資源を利用するときに、従来は廃棄物として扱われていたものも、徹底的に有効利用することにより資源の生産性をあげる努力をすべきです。そして、そのような技術を最善の方法として、グローバルに展開することが南北問題解消にも役立つのではないでしょうか。アナン事務総長の環境に関する原則にも適うことではないでしょうか。

マイニングエンジニアが見た資源開発と地球環境

筆者のバックグラウンドは、マイニング・エンジニアリング（mining engineering）です。その職業柄、世界各地の大規模鉱山を数十年にわたって視察した経験があります。たとえば、オーストラリアの鉄鉱石、石炭、ウラン、ボーキサイト、銅などの鉱山、ブラジルの鉄鉱石鉱山、アメリカの金、銀、銅、モリブデンなど非鉄金属鉱山、パプアニューギニアの銅鉱山、タイの石膏鉱山、マレーシアの錫鉱山、南アフリカのダイヤモンド鉱山、そしてカナダの非金属鉱物の鉱山といったところをつぶさに見る機会がありました。

このような経験も踏まえて、地球環境問題を地下資源という切り口からとらえると、鉱物資源の採掘という行為が、単に資源が掘り尽くされて枯渇するという問題のほかに、自然の生態系を破壊し、大気・水質・土壌をいかに汚染するかという、より深刻な問題があるのです。

そのうえ、鉱山開発地域に先住民が住んでいる場合には、自然と共生して生きているその人たちの生活と文化をも破壊してしまいかねない、ということも問題なのです。

たとえば、オーストラリアの先住民アボリジニの場合には、ノーザン・テリトリーと呼ばれる北部地域のボーキサイト(アルミニウムの原料鉱石)やウラン(原子力発電の燃料となるウラニウムの原料鉱石)が豊富に賦存する地域に居住区があるため、開発か先住民保護かが常に問題になります。

アボリジニの居住地区にあるボーキサイト鉱山を訪れたときの経験ですが、鉱山の近くの村の道路に沿っておびただしいビールのアルミニウム缶が投げ捨てられているのです。ビールの味を覚えたアボリジニが昼間から飲んだくれ、空ろな目をして缶を投げ捨てるのです。アルミニウムの原料であるボーキサイト鉱山にエネルギーの缶詰みたいな、その最終製品が帰ってきて、その鉱山で働く先住民によってポイポイと投げ捨てられている光景は異様な経験でした。

同じく、オーストラリア北部のはずれ亜熱帯地域に、政府がアボリジニに指定した居住区には、皮肉にも次々とウランの鉱床が発見されたために、開発が計画されるたびにそれを許可すべきか否かで延々と議論がなされていたことが思い起こされます。

資源産出国のオーストラリアとしては、豊富な鉱物資源を日本などへ輸出することによって国の経済が成り立っているのですが、原子力反対を主張する人たちや先住民保護を主張する人権論者たちと、開発を推進しようという人たちが常に激しく対立するのです。

ウラン鉱山では、「イエローケーキ」と呼ばれる、原子力発電で使われるウラニウムの中間製品を生産するのですが、その過程で、多くの硫酸が使用されます。使用済みの廃硫酸は、環境汚染を防ぐために石灰で中和して無害化されています。その中和用の石灰を、筆者は日本から大量に輸出した経験があり、現地を何度か訪れたことがあります。ウラン鉱山の開発にあたって、その計画から操業にいたるまでの経過をつぶさに見聞きしてきました。操業に至った鉱山あり、途中で頓挫した開発計画あり、時の政権も絡んで悲喜こもごもでした。

南米ブラジルの秘境アマゾンでは、金、銀、銅、鉄、ボーキサイトなどの鉱物資源に大変恵まれています。広大な熱帯雨林の地下に眠っている金鉱山の開発にともない、ジャングルの中で自給自足で暮らす先住民のヤノマミ族の生活が脅かされているのです。

昨年、NHK・BBC・CNN共同製作による『地球白書』が放映されましたが、その冒頭の一〇分程度の部分で紹介されたものは、大変ショッキングなものでした。そのナレーションの一部を紹介すると次のようなものでした。

「アマゾンのジャングルの中で森や川から食べ物を採り、自給自足で暮らすヤノマミ族は、大自然の中で野生の動物たちと共に生きる数少ない民族です。森で二週間に及ぶ狩をして、村に食べ物を持って帰るのは男たちの役割です。子供たちは踊りで迎えます。この踊りは、自然の恵みを神に感謝する神聖な儀式です。ヤノマミ族は、必要最小限の食べ物を得る以外、自然界にはほとんど手をつけません。ヤノマミ族一万八〇〇〇人は、一〇〇人あまりで一つの集落をつくり共同で暮らしています。この集落のリーダー、ダビ・コペナワさんは、アマゾンに点在する集落を代表して環境保護を訴え続けています。ヤノマミ族が最も恐れている環境破壊は、金の採掘によって引き起こされています」

村のリーダーや村人の悲痛な叫びは、何度見ても涙をさそうものです。

また、パプアニューギニアにブーゲンビル島という島があります。ここは、太平洋戦争当時の激戦地でもあり、日本海軍の連合艦隊指令長官、山本五十六元帥の乗った飛行機が米軍機に撃墜されたところで、今でもその残骸がジャングルの中に残っています。

この島には、非鉄金属国際大資本によって一九七〇年代に開発された、世界有数の大規模、高品位の金・銅鉱山がありました。この鉱山は、現在、操業されていません。それは、環境破壊をしいられながら、利益配分にあずかれないという先住民の不満が募って、とうとう暴動が起きて鉱山は閉山に追い込まれてしまったのです。私どもは、この鉱山の操業に必要な材料を一五年間にわたり供給していたために、現地を訪れる機会が幾度もありました。この鉱山で採掘された金・銅の鉱石は、精鉱と呼ばれる高品位の鉱石にして日本などの精錬会社に輸出されていたのです。

写真1

写真1は、筆者が一九八三年にその鉱山を訪れた時ヘリコプターから撮ったものです。この鉱山では、毎日一〇万トンという、とてつもなく多量の選鉱スライムと呼ばれる、細かい砂状、あるいはヘドロ状のカスが選鉱過程で出ます。この選鉱カスを捨てるためにダムを築いたのですが、大量に堆積した選鉱カスが堆積場からあふれだして、近くの川に流れ出したのです。そのため、魚や飲み水が汚染され、また流れを妨げられた川は、周囲の熱帯雨林を水とヘドロで埋め、森林に生息する多様な生物の生存、そして先住民の生活を脅かしたのです。そして、このことが暴動の一つの大きな原因になったのです。

写真からは、選鉱カスが流れ出して川が氾濫し、森の中に入っていってヘドロで埋まっている様子がわかると思います。また、低空で飛ぶヘリコプターから、ヘドロに埋まって、心なしか情けなさそうな顔をしているワニを見つけたのを憶えています。

ブーゲンビルの銅鉱山と全く同じようなことが、近くのインドネシア領ニューギニア島にあるイリアンジャヤ州の金・銀・銅鉱山でも起きたのです。この鉱山は、世界最大の鉱山の一つで、膨大な埋蔵量の銅・金・銀の価値は、開発当時六〇〇億ドル以上と言われました。この鉱山の場合も、一日の選鉱カスの排出量は一〇万トンで、やはり近くの川に流出しました。ここでも地元住民と熱帯雨林の生態系に大変な被害を与えました。

鉱山は米国の会社のものですが、米国国内であれば操業を許可されることはなかったでしょう。

さらに、パプアニューギニアの奥地山岳地帯、インドネシア領ニューギニアとの国境近くのオク・テディという金・銀・銅鉱山においては、金鉱石の選鉱に使用するシアン化ナトリウムという有毒の化学薬品を鉱山まで川を遡って運搬中、船が転覆して川を汚染し、大きな問題になったことがありました。筆者は、この鉱山に対してブーゲンビル鉱山と同じく、選鉱に使用するための石灰を日本から輸出して販売しようとしたことがあります。

前述のブーゲンビルの鉱山の場合は、オーストラリアの鉱山会社が開発したもので、その親会社は、英国に本社を置く国際大資本です。やはり、これがオーストラリア国内での操業であれば、まず許可されなかったと思われます。なぜなら、筆者自身、米国の鉱山もオーストラリアの鉱山も現場を視察して、その環境規制がきわめて厳しく、徹底的な環境アセスメントを長い期間実施しないと開発許可が下りない、ということを実際に学んだ経験があるからです。

ここで、断っておきたいのですが、私は、先鋭的な環境NGOのように鉱山開発を告発するつもりはまったくないのです。なぜなら、鉱物資源の採掘という行為がそもそも宿命的に自然破壊をともなうものであり、技術的にその度合いを減らすことはできても、なくすことはできないからです。そして、産業革命以後、今日に至る資源収奪型文明を支えているのが、石油、石炭、金、銀、銅、鉄、アルミニウム、その他鉱物資源なのです。IT時代になっても、その需要は、銅線が光ファイバーに変わっていくように、ものによっては変化があったとしても、全体的には減らないどころか、発展途上国が先進国型経済発展を後追いしている現状では、むしろ増える一方なのです。持続可能な発展の仕方とは、およそ縁遠いものではないでしょうか。

だからこそ、少なくとも先進工業国は、資源の生産性を飛躍的に向上させて持続可能性を高めていかなければならない、ということを強調したいのです。

その持続可能性にしても、今やすでに持続可能な開発というより、持続可能な消費が求められる時代に入った、と考えなければならないのです。このことは、地下資源にかぎらず、森林資源、漁業資源、水資源などについてもまったく同じことが言えるのではないでしょうか。

また、鉱山開発とは、今のところ関係ありませんが、違法な森林伐採による環境破壊にともなう先住民問題としては、ロシア極東シベリヤのタイガと呼ばれる広大な針葉樹林があります。南米アマゾンの熱帯雨林が、世界の森林の一六%を占めるのに対して八%を占め、その中で暮らすウデゲ族の生活が森林破壊によって脅かされているのです。

シベリアのタイガの場合には、森林の地下に永久凍土の層が横たわっており、その中には、膨大な量のメタンガスが閉じ込められています。ところが、森林伐採が進むことにより、凍土層が溶け出し、メタンガスが大気中に多量に放出されるのです。このメタンの地球温暖化への寄与度は、炭酸ガスを一としたとき二四・五倍という高率です。そして今、この永久凍土の南限が、北へ移動しているのです。

このタイガの炭酸ガス吸収能力は、熱帯雨林より大きいと言われています。

資源生産性向上の必要性

資源が背負う「リュックサック」

「世界の国々では、結婚によって毎年およそ二〇〇〇万組のカップルが誕生すると言われています。そのうちの多くの結婚式で欠かせないのが指輪の交換です。この指輪の原料である金をとるには、森林を伐採し、表土を剥ぎ、岩盤を爆破しながら地中に眠るわずかな鉱石を採掘するのです。指輪の原料を採掘し、一つの小さな金の指輪をつくるために、三トンから一〇トンもの土石が削り取られます。わずかな金を採るために大規模な自然破壊が引き起こされているのです。われわれは地球から、金の他にもさまざまな資源を大量に掘り起こし、それを使い捨ててきました。地球と共存しながら発展するために、われわれは大量消費と決別しなければならない時がきているのです。今、われわれの経済の仕組みは大きな変革の時を迎えようとしているのです」

昨年、立命館大学の寄付講座で講義をしたときに、前述の『地球白書』のビデオを見せました。冒頭のナレーションの一部です。このビデオによって、多くの学生が、指輪の原料の金を掘るためにどれだけ自然破壊が必要で、しかも先住民の生活を脅かすかということを知って驚くとともに、何人かの女子学生が、自分が結婚するときには金の指輪は欲しくない、と感想文に書いていたのには感銘を受けました。

日本では、今盛んに資源循環型社会の構築が叫ばれていますが、資源の生産性の飛躍的な向上なくしては実現不可能です。日本は、年間六・七億トンという膨大な量の主要資源を海外より輸入しています。それにもかかわらず、資源産出国の採掘現場の様子、採掘にともなうおびただしい自然破壊の姿に関する知識が、指導者層にも一般大衆にも欠如しているように思います。そこで私は、こうして、資源と地球環境の関係について機会あるごとに説明しているわけです。

ここで本小冊子の主要テーマである、資源の生産性とは何か、を分かりやすい例で説明しておきましょう。

欧米人は風呂に入るとき、各人が湯舟にお湯を入れて自分が使ったお湯は捨てますが、日本人は家族全員で、また銭湯では何十人もの人が同じお湯を共用します。したがって、五人家族の場合、欧米人に比べて日本人はお風呂に関するかぎり、水資源の生産性は五倍になるというわけです。

それではここで、金の採掘がどのようにして行われるか、具体的な例で説明します。

写真2

写真2は、フィリピンの金・銅の鉱山の採掘が始まる前の姿で、何の変哲もない木に覆われた山ですが、この地下に鉱脈があります。これをどのようにして見つけたのかと言うと、最長一〇〇〇メートル位のボーリングを何本も打ち込みます。ボーリングして得られたコアを分析してマッピングすると、金・銅の品位ごとの鉱脈の姿、あるいは鉱体（ore body）が第1図のように浮かび上がってきます。これをもとにして採掘計画を立て、まず樹木を伐採したあと、写真3のように表土を剥ぎ、鉱脈に到達するまで掘り下げ、それからいよいよ鉱石の採掘を進めていくわけで

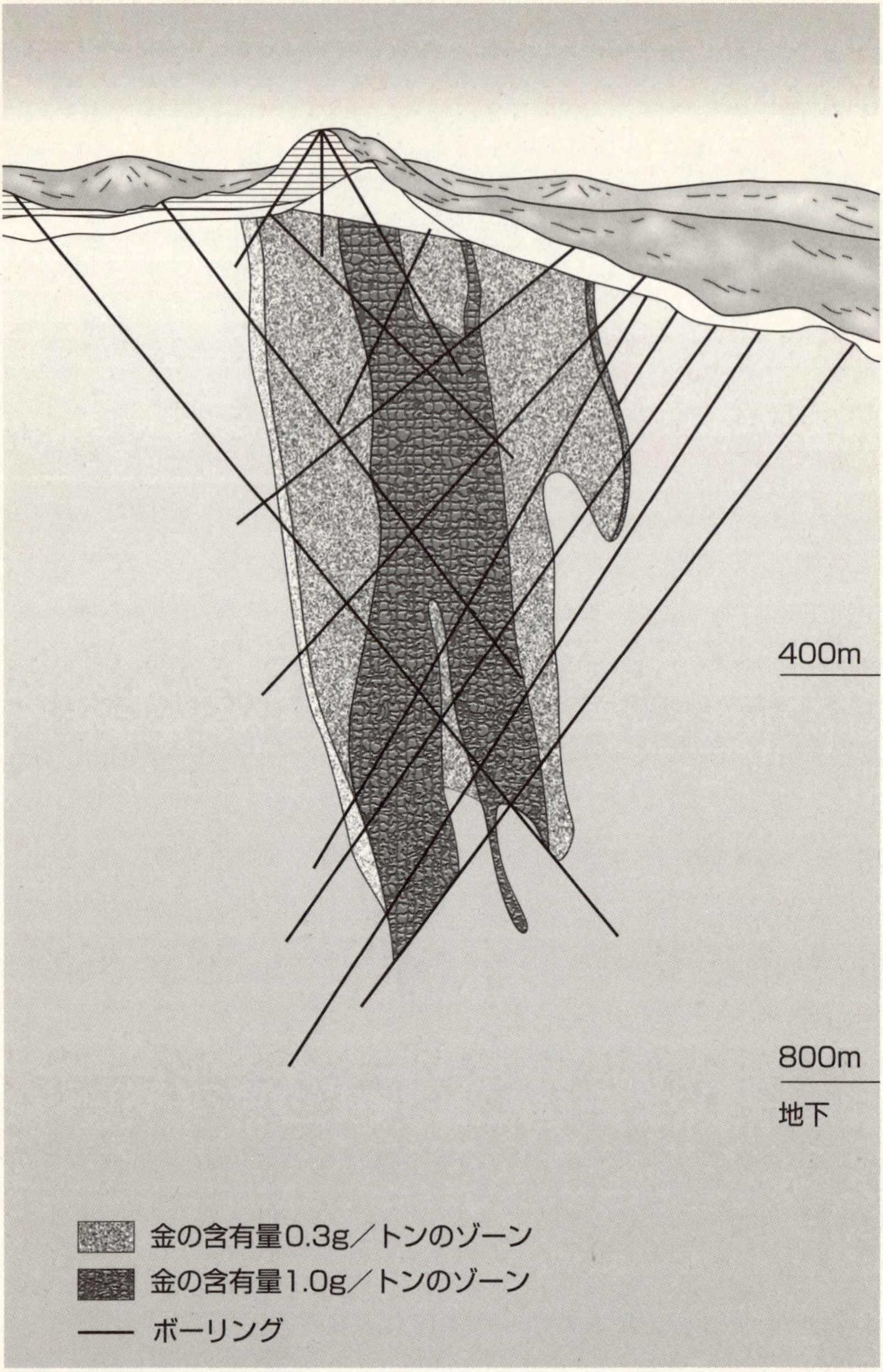

図1　金の鉱体（地中断面図）

上から写真3／4

写真5

す。写真4は岩盤を発破で崩しているところです。

写真5は、採掘が終了した状態です。この写真は、すでに採掘終了近くの別の鉱山のものですが、フィリピンの鉱山もいずれこのようになるのです。

ちなみに、写真2（19ページ参照）のフィリピンの鉱山の鉱脈一トン当たり、金はたった〇・三g——一・〇gしか含まれていないのです。

携帯電話の重さは一台約一〇〇gで、その中に金が〇・〇二八g使われています。だから携帯電話を一トン分、すなわち一万台集めてくると二八〇gの金が採れるのです。ところが鉱山では〇・三g、多くても一g程度しか採れない。携帯電話からは、鉱山に比べて九〇〇倍も金が採れる計算になります。このように、今や地下資源を掘るよりも、IT機器その他の廃棄物の中に入っている有用金属などを、地上にストックされた資源として可能なかぎり有効に回収した方がよいのではないでしょうか。そのための技術開発を急ぐべきでしょう。そして、バージンの地下資源の採掘量を極力減らす努力をする必要があるでしょう。

ただ、こういった静脈側の産業が、今のところ動脈側の産業に比べて、いかにも細くアンバランスであるために、循環型社会構築といっても、残念ながらその循環系が機能するような状態ではないのです。

資源産出国でこのようにして採掘した鉱石は、選鉱(金の場合、熔錬)というプロセスを経て、精鉱(金の場合、粗金)と呼ばれる品位を高めたものにして、日本など資源輸入国へ輸出されます。輸入された精鉱、あるいは粗金は、製錬所で各種金属に精錬されます。したがって、日本で精錬する際には、ほんのわずかの廃棄物しか発生しませんが、一次産品産出国の鉱山側では、大変な量の廃棄物が出るのです。これを「リュックサックを背負っている」と言うのです。特に、発展途上国の鉱山では、このリュックサックをできるかぎり軽くすること、すなわち、鉱山の操業にともなう環境破壊を最小限におさえること、そして破壊された自然環境を可能なかぎり復元することが大切です。

しかし現状では、あまり配慮がなされているとは言えない状態です。これは、資源の値段が安すぎるからだと思います。資源の値段が安いと、輸入国側で素材として利用する際に生産性を上げようとしない。なぜ資源が安いのかと言えば、生態系の破壊、生物種の絶滅、河川の汚染、そして子孫に残すべき資源の枯渇といったことは市場メカニズムの対象にはなりにくく、また採掘跡地の復元などのコストも鉱石の価格に加えられていないからです。人件費については、どんどん高くなるから労働生産性を上げることにみな熱心になるのです。資源の価格を、環境コスト分あげて、産出国の環境保全に可能なかぎり費用をかけることにすれば、輸入国側では、経済的に成り立つように資源の生産性を上げようと努力するのではないでしょうか。この点は、南北問題解決のためにも必要ではないでしょうか。

それでは、金と銅を例にとって、これらの鉱石が「リュックサック」をどのくらい背負っているかをマテリアル・バランスから見てみましょう。

金一kgとりだすために、一三六〇トンが廃棄物になるのです。つまり、金一トンに対しては、じつに一三六万トンになります。この廃棄物のほとんどが産出国で発生します。そして、粗金というかたちで日本に輸入されたものを、純粋な金に精錬することによって発生する廃棄物は、金一kgに対して二kgに過ぎません。(図2)

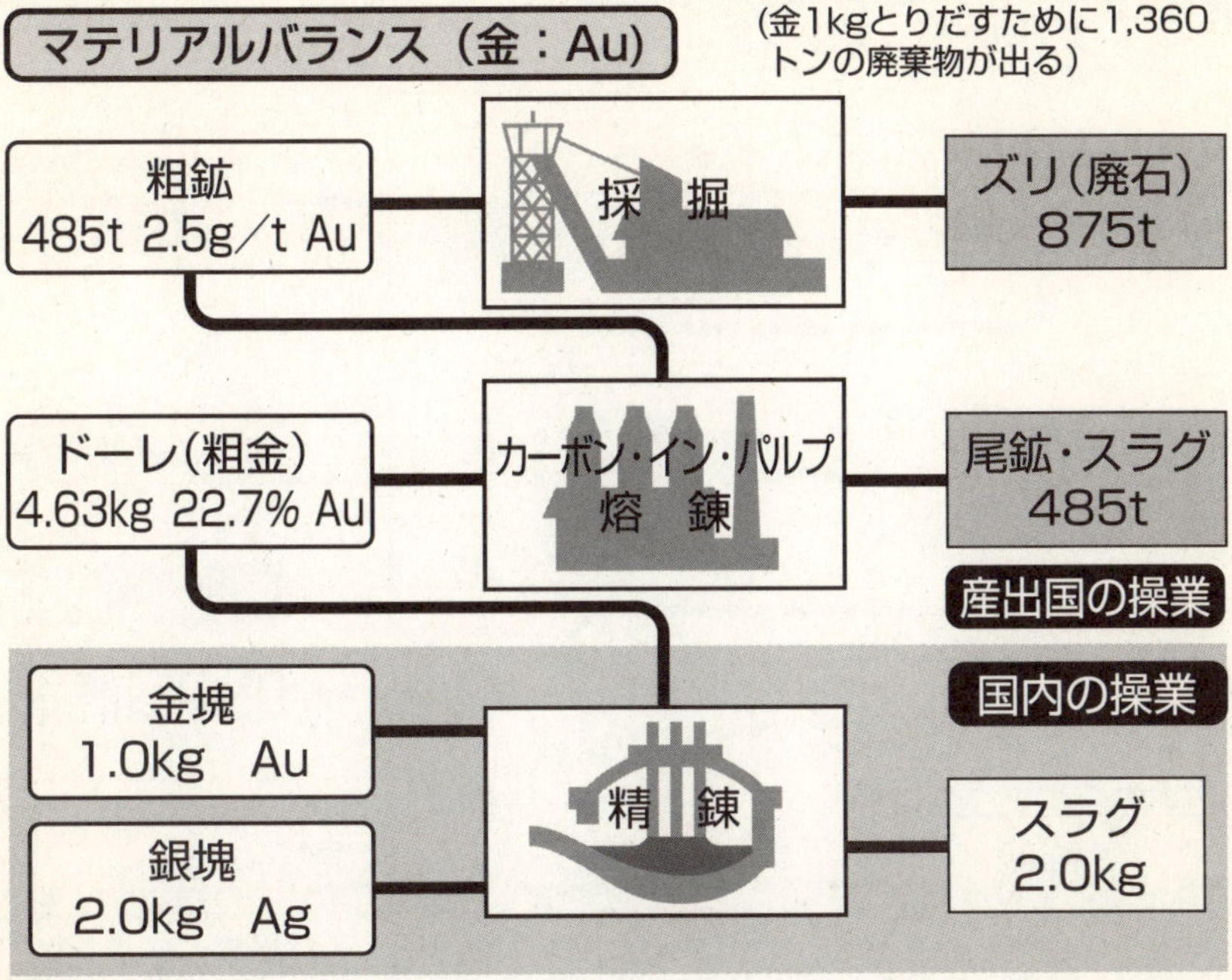

図2

銅については、一トンに対して一八九六トンの廃棄物が産出国の鉱山側で出ますが、日本に輸入された精鉱を精錬する際には廃棄物は二トンしか出ないのです。（図3）

鉄については、一トンに対して五・三五トンですが、日本に輸入された鉱石からは〇・三トンしか廃棄物は出ません。この〇・三トンについては、副産物として有効利用がかなり進んでいます。

これら、金、銅、鉄など工業化社会のベースとなる金属のほかに、白金、パラジウムなどの希少金属も情報化社会を支えるＩＴ機器、そして自動車の排気ガス処理用装置などに無くてはならない重要資

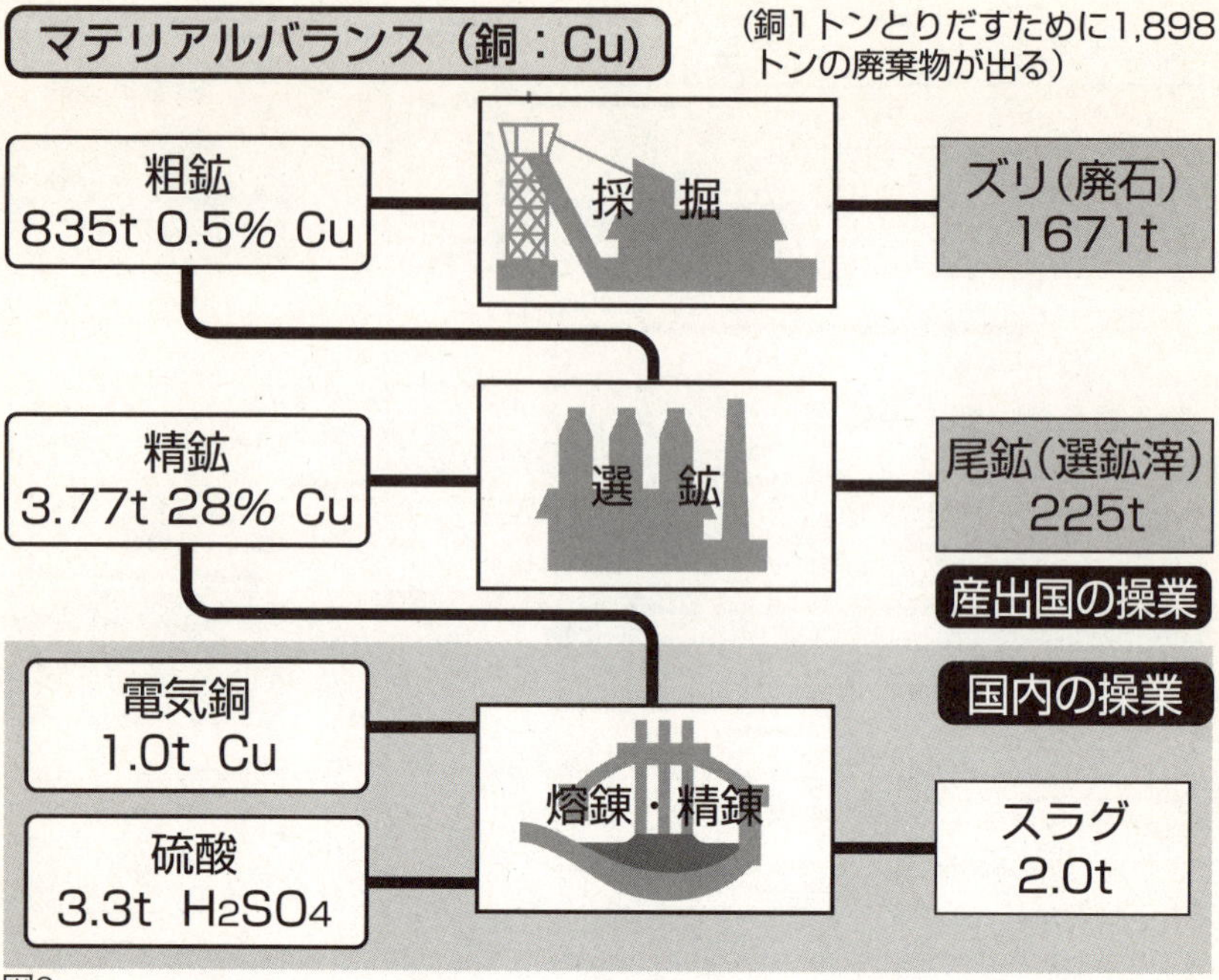

図3

源です。

この希少金属、特に白金は、金などよりもさらに大きなリュックサックを背負っているのです。自動車の排気ガス処理という〝エンド・オブ・パイプ〟の環境対策のために、大量の岩石を掘削して、生態系を破壊することになります。排気ガスの浄化のために、白金を地殻の中から抽出することによる環境負荷の大きさ、すなわち〝リュックサック〟が金より大きいことを考えると、大気汚染という公害防止のために大量の白金を消費することは、はなはだ疑問なのです。なんとか、もっと〝リュックサック〟の小さい代替の材料を見つけるべきでしょう。

かく言う私もマイニング・エンジニアだったわけですから、セメントの原料の石灰石を採掘するため、実際に現場で自然破壊をやっていたわけです。そして、大規模な発破を毎日やっていたのです。ただ、石灰石の場合は一つだけ救いがあります。掘ったものが、ほとんど一〇〇%近く原料になってしまうということです。しかし、自然破壊には違いありません。

私が、大分県の津久見というところで大規模鉱山開発の責任者をやっていたときに、樹木をすべて伐採してしまうのが忍びなくて、ささやかながらたった一本だけ三〇センチ位の小さなヒメユズリハという木(現地では、鶴の木と呼んでいました)を持って帰り、鉢植えにしておりましたが、東京へ転勤のときに庭に植えました。今では背丈が六メートルほどになり、わが家の守り神になっています。この話を第1章の2節で紹介したNHKの『地球白書』のディレクターが知って、私のところに取材にきてくれたのです。

このように、私自身が自然破壊、生態系破壊の犯人であったということです。今、ゼロエミッションのことを一生懸命やっているのは、一つの償いかもしれません。

日本全体の物質フロー

資源生産性を考えるときに、日本全体としてのマテリアル・バランス、あるいは物質フローが

どのようになっているのかを知る必要があります。(第4図)

まず、インプットされる全資源量は二〇・五億トンです。そのうち石油、石炭、鉄鉱石、それから金 銀 銅などの非鉄金属鉱物、そして食料、木材と言った主要資源はほとんど海外から輸入され、その量は六・七億トンになっています。これら大量に輸入される資源の産出国の環境については、すでに指摘したようにごく一部の関係者を除いて、一般の人々にはほとんど知られていないのが実情なのです。しかも、環境コストは、ほとんど組み入れられていない価格で入ってきているのです。

一方、国産のインプット資源としては、一三・八億トンで、砕石や砂利などコンクリートの材料となるものや、セメントの原料になる石灰石など、あまり付加価値の高くない資源が大部分を占めています。このうち、リサイクル資源は、二・二億トンとなっています。インプットされた資源から生産物になるのが一三億トン、エネルギーとして消費されるものが三・四億トン、生産過程で産業廃棄物になるのが四・一億トンです。

生産物は、一一・九億トンが国内出荷され、一・一億トンが輸出されますが、製品として一・三億トン輸入されます。国内生産・出荷品と輸入製品のうち一一・一億トンが国内に累積しますが、その大部分は岩石、砂利などです。

消費、廃棄、回収されるものは二億トンで、そのうち食料として消費されるものが〇・七億トン、一般廃棄物となるもの〇・八億トン、回収されるもの〇・五億トンとなっています。産業廃

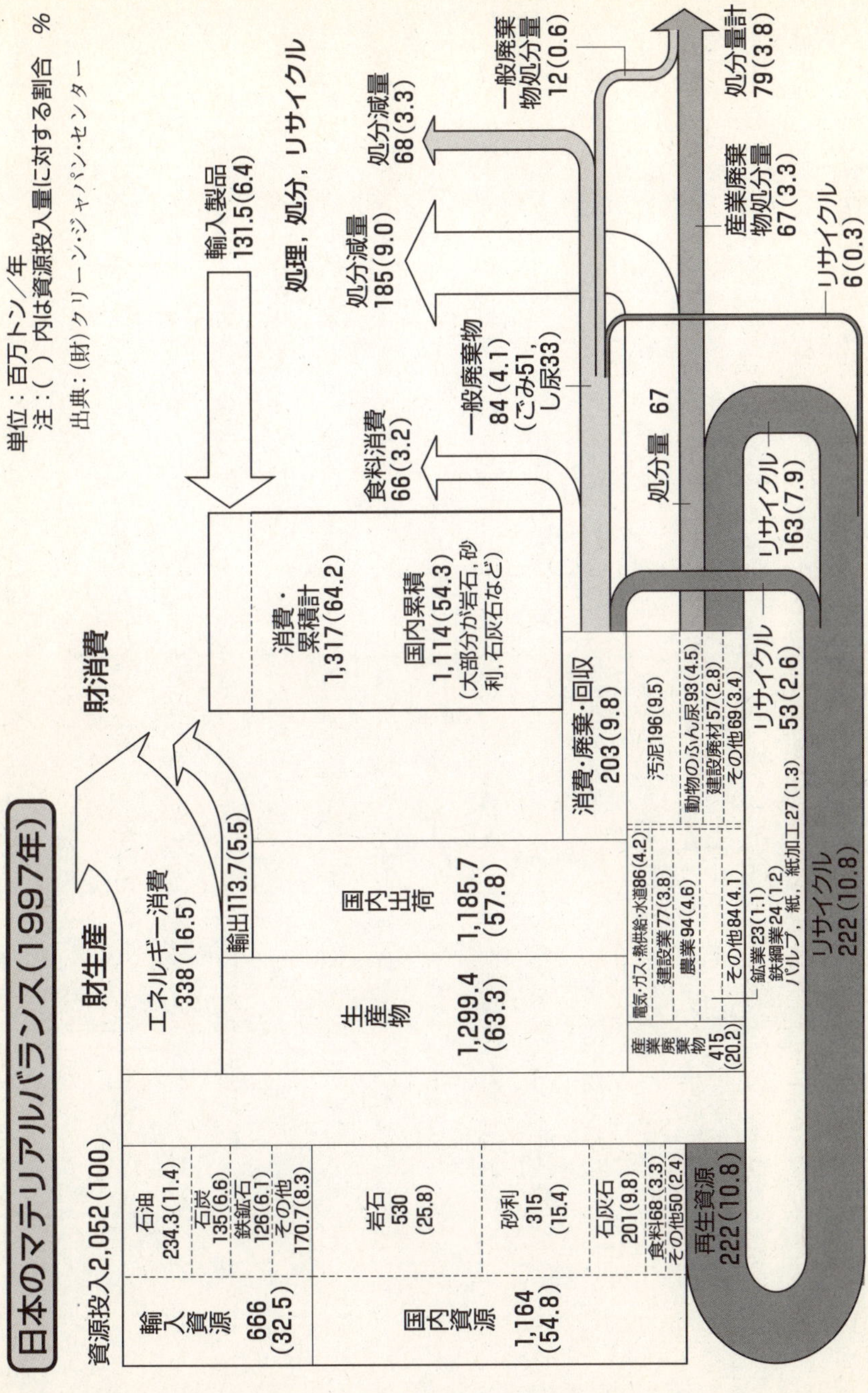
日本のマテリアルバランス(1997年)
単位:百万トン/年
注:( )内は資源投入量に対する割合 %
出典:(財)クリーン・ジャパン・センター
資源投入2,052(100)
輸入資源
666
(32.5)
石油
234.3(11.4)
石炭
135(6.6)
鉄鉱石
126(6.1)
その他
170.7(8.3)
国内資源
1,164
(54.8)
岩石
530
(25.8)
砂利
315
(15.4)
石灰石
201(9.8)
食料68(3.3)
その他50(2.4)
再生資源
222(10.8)
財生産
エネルギー消費
338(16.5)
輸出113.7(5.5)
生産物
1,299.4
(63.3)
国内出荷
1,185.7
(57.8)
産業廃棄物
415
(20.2)
電気・ガス・熱供給・水道86(4.2)
建設業77(3.8)
農業94(4.6)
その他84(4.1)
鉱業23(1.1)
鉄鋼業24(1.2)
パルプ,紙,紙加工27(1.3)
リサイクル
222(10.8)
財消費
輸入製品
131.5(6.4)
消費・累積計
1,317(64.2)
国内累積
1,114(54.3)
(大部分が岩石,砂利,石灰石など)
消費・廃棄・回収
203(9.8)
汚泥196(9.5)
動物のふん尿93(4.5)
建設廃材57(2.8)
その他69(3.4)
リサイクル
53(2.6)
処理,処分,リサイクル
食料消費
66(3.2)
一般廃棄物
84(4.1)
(ごみ51,
し尿33)
処分減量
185(9.0)
処分減量
68(3.3)
処分量 67
リサイクル
163(7.9)
リサイクル
6(0.3)
一般廃棄物処分量
12(0.6)
産業廃棄物処分量
67(3.3)
処分量計
79(3.8)
図4

棄物四・一億トンのうち、一・八億トンは焼却等により処分減量され、一・六億トンがリサイクル、残り〇・七億トンは最終処分場に埋め立てられます。

一方、一般廃棄物の〇・八億トンのうち、焼却等により処分減量されるのが〇・七億トンで、〇・一億トンがリサイクルされ、残り〇・一億トンが埋め立て処分されます。したがって、最終処分場に埋め立てられる量は全部で〇・八億トンとなるわけです。つまり、投入資源量二〇・五億トンの約一〇％が再生資源として循環し、約四％が埋め立て処分されていることになります。

毎年発生するこの膨大な最終処分量を埋め立てる場所の確保が、年々困難になってきており、産業廃棄物の埋め立て地の残余年数は一・六年、一般廃棄物で八年と言われたのが昨年（二〇〇〇年）のことなのです。そのため、不法投棄が絶えないばかりか、件数が年々増えているのです。

以上のマテリアル・バランスから言えることは、エンド・オブ・パイプの処理を熱心にやればよいということではなく、資源産出国の環境破壊を考慮すると、生産のところで資源の生産性を大幅に上げる必要があるということなのです。すなわち、四・一億トンの産業廃棄物を減らし、インプット資源を減らさなければならないのです。そして、単位サービス当たりのマテリアル・インプット(Material Input Per Unit Service)を最小にするような技術開発をしながら、一方では、無駄なものはつくらない、耐久性を重視した商品をつくる、といったモノづくりのパラダイムを転換していかなければいけないのでは、と思います。

日本の高度経済成長期以降、これまでのモノづくりというのは、とにかく品質第一でした。そして、貿易立国だったので、世界に冠たる品質の工業製品をつくり、大量に世界へ輸出して日本の経済成長を支えてきたのです。ところが皮肉なことに、それによって貿易黒字をためすぎて貿易摩擦が生じたのです。今や地球環境が、これだけ劣化して限界にきているのだから、資源の生産性を悪くする過剰な品質要求を改め、適正品質による資源効率と環境効率を追求すべき時期にきているのではないでしょうか。

先進工業国が今、労働生産性だけでなく、資源の生産性を一〇倍に上げることによって、持続可能な人類社会にすることができると言われていますが、しかし、これまでのように西欧に始まった環境収奪型の文明、そして、大量生産、大量消費、大量廃棄という資源収奪型の文明を変えないかぎりむずかしいでしょう。とにかく、地球環境問題というのは、くり返し言いますが、根本的には文明の問題だと思います。

つい百数十年前まで日本は、歴史上まれに見る自然との共生を果たしていた文明を持っていたのですが、いつのまにか欧米型の資源収奪文明の優等生になり、今、発展途上国がまた、その欧米的な価値観で追従してきているという流れを変えないかぎり、なかなかむずかしいと思います。

冒頭に述べたように、われわれは地球の限界に直面した最初の人類世代です。地球環境の劣化がここまで進んでしまったことを本当に認識しなければいけないのです。今こそ、Think Globally, Act locallyが必要なのに、ローカルに考え、ローカルに行動しているのが今の日本の実態ではないかと思います。グローバルシステムの視点がぜひ必要なのです。

しかし、残念ながら今の日本には、システム的な視点の土台となる知識が欠落しているように思えてなりません。なかでも、資源に対する知識が欠落していることを痛感します。私は、資源に関する専門教育を受けた最後の世代でしょうか。今はもう資源の専門教育は、日本では放棄されています。欧米では連綿としてやっていますが、日本には資源がないから、就職先がないから、花形産業ではないから、そしてお金を出せばどこからでも買えるから、といった理由で資源教育を止めてしまったのです。世界の資源消費量は、減るどころか、ますます増えているのにです。だから、初等教育も中等教育も、もちろん資源のことはほとんど教えないし、入試にも出ないので誰も勉強しません。

ところが、先だってパリの地下鉄に乗ったら、ある駅のホームのショーウィンドーに一〇個の鉱物のサンプルが並べてありました。企業の広告かと思ったら、政府の広告なのです。「これらの鉱物を知っていますか?」("Reconnaissez Vous Ces Mineraux ?")と書いてあるではありませんか。資源に関する啓蒙なのです。地球環境を語る以上、資源を抜きにしては考えられない、と私は思うのです。

資源の貿易にともなう産出国の環境問題と輸入国との関係

まず、資源の輸出にともなう産出国の環境問題、すなわち〝リュックサック〟と輸入国側の資源循環型社会システム構築への影響、そして市場主義経済のメカニズムとの関係について、筆者の所属するセメント産業が直面している問題を例として紹介しましょう。

それは、セメントおよび石膏ボードの原料となる石膏という鉱物資源のことなのです。石膏は、セメントがあまりはやく固まりすぎないように、硬化時間を調整する機能をもった材料で、セメントの中には五％程度、副原料として混合する必要があります。また、石膏ボードは、石膏を主原料としてつくられ、建物の内装、あるいは間仕切りに使われます。この石膏が、日本全体で現在、年間九〇〇万トン以上消費されています。以前は、ほとんど全量、主としてタイ、オーストラリアなどから天然の石膏が輸入されていました。

ところが、およそ三〇年前から、日本では大気汚染防止法によって厳しい環境規制がかけられ、全国の火力発電所にはすべて、高性能の排煙脱硫装置が設置されました。石油や石炭など燃料に含まれる硫黄分が燃焼によって、酸性雨あるいは気管支喘息の原因となる硫黄酸化物として煙突から出ないようにするためです。その排煙の中の硫黄酸化物は、脱硫材として使用される石灰石と反応して石膏となります。

また非鉄金属などの精錬には、硫酸がよく使われます。使用済みの廃酸によって、河川、海の水質が汚染されるのを防止するために、廃液は石灰石によって中和され無害化されています。その過程でも、やはり石膏ができます。発電所も精錬所も、いずれも石灰石を使用しますが、その石灰石は、主としてセメント会社が供給しています。そして、大気・水質の汚染防止設備で副産物としてできた石膏は、それぞれを排煙脱硫石膏、廃酸石膏としてセメント工場や石膏ボード工場が引き取ります。

このように、火力発電所、精錬所などでは、環境汚染防止対策が進むにしたがって、副産物の石膏の発生量が次第に増えていき、現在では年間六五〇〇万トンにも達しており、天然の輸入石膏は二五〇〇万トン程度に減っています。したがって、セメントと石膏ボード工場においては、大気・水質汚染の防止の役割を果たしたあとの石膏を使用することによって、環境破壊を行って採掘される天然石膏の使用量を三分の一以下に減らしたことになります。石膏に関しては、資源の生産性が大幅に上がった、と言えるのではないでしょうか。

しかし、問題はこの点にあるのです。大型の火力発電所が、その後も引き続き雨後のタケノコのように設置されていきました。それにともなって、排煙脱硫石膏の発生量がますます増えてきているのです。それによって、天然石膏をその分掘らなくてもよくなりますから、よいことなのですが、タイなどの資源輸出国の鉱山業者は、外貨欲しさに、日本の買い付け商社の不当な値下げ要求に応じて、競って安売りに走るのです。タイ国政府の再三の指導にもかかわらずです。

もともと、輸出価格には、環境コストはいっさい含めないで取り引きされるので、樹木を伐採して表土を剥ぎ、採掘した跡地は水が溜まったまま放置されています。後の世代へ残すべき資源に対する考慮も全くないことは、言うまでもありません。鉱脈自体があまり大きなものでないために、次々に新しい鉱床が採掘されては放置されていくのです。その現場をタイ王室のチリキット王女が視察されて嘆いておられた、という話を聞いたことがあります。天然資源は、環境コストを考えると、もっと高くあるべきなのです。

さて一方、日本では、環境汚染防止にともなって出てくる資源、品質的にも天然品に勝るとも、決して劣らない石膏が処理に困る状態になりつつあるのです。

タイ政府は、天然資源のままで輸出するのではなく、石膏ボードなど最終製品にして輸出するとか、チェックプライスを設けて安値輸出を防止する、などの政策をとってきたのですが、金融危機以降、歯止めがきかない状態が続いています。それなら、輸入国側で環境コストを負担していない天然資源に対して輸入関税を課して、その分産出国に環境ＯＤＡというかたちで返すというようなことはできないものか、などと思ったりします。しかし、まずＷＴＯと環境といったことが問題になるのでしょう。

とにかく、自然の生態系破壊とか環境汚染、あるいは後々の世代が利用すべき資源の枯渇といったことは、外部不経済として、市場経済のメカニズムの中に組み込まれないのです。国際競争力という国益、企業益確保のためには、やむをえないことなのでしょうか。この例で、もし火力発電所から排出される副産物の石膏が、需要量とバランスするようになったら、タイからの輸入はなくなるでしょうか。おそらく、日本の商社は、ますます安値買い付けに走り、需要者側の購買担当者は、より安い天然ものを買おうとするでしょう。その結果、副産物の石膏は最後には、火力発電所の運転維持のために廃棄物としてお金をつけて引き取ってもらう、ということになる

っ使 ていのでしょうか。〝捨てれば廃棄物、使えば資源〟という標語がありますが、石膏の場合は、使っても廃棄物ということになるのも、そう遠くないのではないでしょうか。

この問題は、業界内部でも問題意識はなく、また全く認識もされていないのが実情です。もっとも、その他の天然資源についても、同様のことが言えるのではないでしょうか。しかしこのような事例は、本質的にすべての資源産出国と資源消費国との関係において、資源と地球環境と国際貿易、そして南北問題という観点からきわめて重要な問題を提起している、と私は考えているのでご紹介したわけです。

資源の生産性向上を阻むもの

安すぎる鉱物・エネルギー資源

天然資源、とりわけ鉱物・エネルギー資源、すなわち地下資源は採掘すればなくなるもの、言い換えれば再生不能ですから、大切に使わなければならないはずですが、現実には大変無駄の多い使い方がされていると言えましょう。

一方、人的資源についてはどうでしょう。生産性というと、まず労働生産性を意味するほど、その生産性はいまだに最重要視されています。特に先進工業国は、その労働コストが大変高いために、みんな競ってその生産性を上げようとするのは当然です。

ＩＴ革命で沸きたったアメリカ経済が、大変好調であったとき、それはＩＴによる労働生産性の飛躍的向上によってもたらされたものでした。しかし、資源と環境は有限であり、地球の限界が見えてきた今、地球環境に大変大きな影響をおよぼす資源の生産性を、どうして引き上げようとしないのでしょうか。それは、資源の価格が不当に安いからだ、と思います。安いはずです。最初の章でも述べたように、当然、負荷されるべき環境コストが負荷されていないからです。それだけではなく、将来の世代の人たちの取り分を食いつぶしているのに、価格になんら考慮が払われていないのです。言い換えれば、持続可能性のことを全く無視している、と言えましょう。

資源の価格が高ければ、みんな競って省資源に走ることは、オイルショックの時を思い出せばわかることです。「のどもと過ぎれば、熱さを忘れる」わけです。もっとも、日本のように資源が無い国では、世界中から安くて品質の良い資源を買い付けてきて、世界最高の品質の工業製品を大量に生産して、大量に輸出して外貨を稼ぐ、いわゆる貿易立国のためにはやむをえないことであった、と考える人は多いでしょう。私もそう思います。そして、日本だけが環境コストを負担した資源を購入したのでは、たちどころに国際競争力を失うことになるのでしょう。だから、日本だけでなく、世界の工業国がグローバルな協定を結ぶことが必要になります。

ＷＴＯによる自由貿易の推進に対して、最大限、地球環境面の配慮をしないわけにはいかない段階にきているのではないでしょうか。もともと、一九九二年、ＷＴＯがウルグアイラウンドにおいて設立された際には、環境と労働に関する委員会を設けることになっていたのに、その後、委員会が設置された様子は全くないようです。この点を、日本政府の通商交渉の責任者として、実際に交渉にあたったある高官に聞いてみたところ、もともと、ＷＴＯにおいて環境問題にまで関与することは、実際問題として不可能である、ということでした。やはり、地球環境と自由貿易の問題を調整する別の国際機関をつくるしかない、ということなのでしょうか。

もっとも、WTOに提訴することによって、エキセントリックな環境NGOの正常な貿易を妨害する動きを、阻止することもあるようですが。たとえばアメリカは、メキシコ人は魚を獲るときに網を破ったりして邪魔をするイルカを殺す、というヒステリックな環境NGOの訴えを受け、クリントン政権時代にメキシコ産の塩の輸入を禁止しようとしましたが、メキシコ側のWTOへの提訴で負けたということもあったようです。

一方、世の中には技術的楽観主義者というべき人たちがいます。彼らは、やがて革命的な技術が開発されて、地球環境問題も資源問題も解決してくれるであろう、という幻想に囚われています。だから、資源はあるうちはどんどん使って、なくなったら代替の資源を開発するか、これまで利用されていなかった低品質の資源を使う技術を開発すればよい、と思っているのです。メタンハイドレートなども、その一つでしょう。

また、そういった人たちには、IT革命信奉者が多いようです。やがて、IT革命が進めば、通信技術、コンピューター技術、そしてコンテンツ技術がそれぞれ進化していくとともに、これらが融合することによって、あらゆる産業を巻き込んで脱物質化が進むとともに、ハードの面でもかぎりなく小型化、軽量化が進み、資源の生産性は、結果的に大幅に上がると考えているようです。もちろんある面では、それは当たっていると思います。しかし、全体的にはやはり幻想に過ぎない、と私は思います。ハードが小型化、軽量化して一〇分の一になっても、携帯電話やパソコンのように利用者がますます増える一方で、陳腐化が早くなり、商品寿命がますます短くなる傾向にあります。せっかく、高速PCを買っても、アプリケーションソフトが変わればたちまち低速PCになるようでは、使い捨てPCが出回ることになるのではないでしょうか。すでにアメリカでは、そのようなPCが販売されていると聞きます。

それに、IT機器に欠かせないシリコンプロセスは、エネルギー多消費型で、電気の缶詰と言われるアルミニウムの一〇〇〇倍、鉄の一万倍ということです。

また、携帯電話やPCなどの販売にともなって、マニュアルが必要になりますが、そのために紙の売れ行きが大幅に伸びて製紙会社に高業績をもたらしています。ペーパレスを進行させる効果があるはずのITが、逆に紙の需要増をもたらすことになるのは皮肉なことです。

原料資源の選択的使用か均質化による使用か

日本において、原料資源を工業製品の生産に使用する際に、その基本的な思想、あるいは設備・機械の設計思想が、ヨーロッパと異なる点があるのに気づいている人はきわめて少ないのではないでしょうか。このことが、じつは資源の生産性に影響をおよぼしているのです。

筆者が、実際に長い間、経験したセメント産業の場合を例にとって説明しましょう。

セメントの主原料は、石灰石という鉱産物です。この石灰石は、日本には最も多く、かつ高品質のものが、かつては無尽蔵と言われたほど賦存します。しかも、日本で唯一、一〇〇%自給できるばかりか、オーストラリア、香港、台湾、韓国、その他の国へ輸出されているのです。

日本のセメント会社は、この石灰石の良質のものを選りすぐって採掘使用してきたのです。つまり、石灰石の鉱体の表面を覆っている表土とか、鉱体の中に入っている石灰石以外の雑岩と称する岩石を、可能なかぎりきれいに除去、あるいは避けて採掘、いわゆる選択採掘を行ってきたのです。それは、高品位のもののみを使用した方が、安定かつ連続的に生産できるからなのです。

一方、ドイツ、フランス、その他ヨーロッパの低品質で、かつ品質のバラツキが大きい石灰石しかないところでは、原料を均質化して使用しているのです。その結果、原料の均質化の技術が早くから発達して、無駄の少ない資源利用が進み、逆に日本ではこの技術が全く開発されなかったために、膨大な量の低品位の部分、表土、そして雑岩を廃棄してきました。

しかし、日本における石灰石の無尽蔵という神話はすでにくずれ、国立公園、国定公園などとの競合、表土や雑岩などの捨て場の問題、そして環境問題から、低品位の石灰石、あるいは表土なども原料資源として有効に活用の必要性が高まってきました。そのために、ようやくそれらのものも、良質の石灰石とブレンドするとともに、均質化して使いこなす努力がなされ始めたと言えますが、均質化の技術はヨーロッパに二〇年以上の遅れをとってしまったのです。

ちなみに、表土も雑岩も成分的には、セメントの副原料である粘土と、ほぼ同じものなのです。つまり、高品位で安定した原料を常に使っていれば、製造工程も安定するわけで、技術者たちは、低品位でしかも成分がバラツキの大きいものを好き好んで使おうとしないのは、当然と言えば当然だったわけです。

しかし、資源の生産性という観点からは、ヨーロッパ式の均質化技術によって、低品質かつバラツキの大きい原料を無駄なく使いこなす方が、はるかに合理性があります。とにかく、刺身で吸い物のダシをとるようなことを、長い間していたのです。

このことは単に、資源事情の違いとは言いきれないのです。なぜなら、日本は資源貧乏国であるにもかかわらず、主要原材料資源を資源産出国から買い付けるときは、最高の品質のものを、主として商社が世界を飛び回って探してきます。その際、あらゆる原材料・資源に対して、メーカーの要請に従って過剰とも言える品質要求をします。それも、最終製品の設計機能に全く関係ない品質成分・性状についても、きわめて厳しい要求をします。

それは、貿易立国の日本としては、製品の品質で世界と競争して勝ち抜くためにはやむをえないことだったと言えます。しかし、他国の企業には追従できない、ある意味では追従するにはあまりにバカバカしく、欧米諸国の企業もあきらめたので、日本がついに一人勝ちとなり、品質の日本というイメージが定着した、という見方もできるのではないでしょうか。

オイルショックの当時、石油のオペック(ＯＰＥＣ)、銅のシペック(ＣＩＰＥＣ)などの動きを指して、資源ナショナリズムの擡頭という言葉がよく使われましたが、特に、高度成長期の日本の資源調達行動は、〝資源エゴイズム〟の誹りを受けても仕方のないものでした。

資源の生産性を飛躍的に向上させて持続可能な発展を望むなら、資源は高品質のところを選択・選別して採掘・抽出するのではなく、低品位のものも、またバラツキの大きい部分も均質化して使いこなす技術こそ、もっと開発していかなければならないと思います。

しかし、日本の工業製品の設備技術者には、それを妨げる共通した思想があるのです。それは、原材料資源は、設備・機械装置が安定して運転できるように、高品質でかつバラツキの無いものが供給されるべきである、ということです。しごく当然のことのようですが、これが問題なのです。天然資源はもともとバラツキがあるので、人間がつくった機械に自然を合わせろと言うよりも、自然に合わせて、資源を無駄なく使いこなす機械設備を設計すべきなのです。

資源が無尽蔵であれば、〝刺身〟のところだけを使えばよいわけですが、そのような時代は終わったのではないでしょうか。世界がこれだけ工業化が進み、資源と環境の有限性が叫ばれている今、資源の選択から均質化へパラダイムの転換が必要ではないでしょうか。

佐藤内閣時代、通産大臣だった田中角栄氏は、戦後日本のこれまでで、最初で最後の〝資源白書〟を発表しました。実際の標題は〝資源問題の展望〟というものでしたが、このことを憶えている人は少ないと思います。

内容は、要約すると次のようなものでした。

モノづくりと貿易立国を標榜する日本は、資源貧乏国で、海外資源への依存度がきわめて高い。この弱点を補うためには、エネルギー・原材料資源の安定的な確保が大変重要な課題である。したがって、資源を世界中から必要に応じて単純に買い付けてくるのではなく、保有国の資源調査・開発段階から資金面、技術面、人材面で参画し、自ら開発投資を行い、それができなくても、少なくとも開発資金の融資をするなど、資源安全保障のための対策を国家的な資源戦略として打つべきである、というものでした。すなわち、単純買鉱から開発輸入へ、さもなくば融資買鉱が必要だ、というものでした。

しかし、世界のエネルギー・鉱物資源の主要部分は、当時でも、すでに国際大資本におさえられていたので、大変苦戦を強いられ、期待したほどの成果は得られなかったのではないかと思います。

読者の皆さんは、資源利潤という言葉を聞いたことがあるでしょうか。資源・エネルギーを使用して工業製品をつくるとき、資源の採掘から最終製品になるまでの付加価値、あるいは利益配分をみると、最も利潤の大きい部分は川上の採掘工程なのです。これを資源利潤、というのです。資源のなかでも、石油の資源利潤が特に大きいのは、探査から実際に石油が出るまでのリスクと投資額が、大変に大きいためです。それに対して、石油精製業が占める付加価値はわずかで、事業としてはリスクは小さい代わりに、当然ながらきわめて利潤の少ない産業なのです。本来なら、資源採掘から最終製品まで一貫生産が望ましいのですが、日本では、石油に限らず鉄鋼・非鉄金属、その他の原料資源を買い集めてきて加工貿易で経済を支えてきたのでしかたがありません。もっとも、日本の鉄鋼業は、世界に冠たる技術と、大規模臨海工場のおかげで世界一、とい

郵便はがき

料金受取人払

小石川局承認

4685

差出有効期間
2003年4月15
日まで
(切手不用)

112-8790

東京都文京区大塚
4丁目51−3−303

海象社 行

ご住所 〒 TEL		
お名前(フリガナ)	年齢 歳	性別 男 女
ご職業	お求めの書店名	

海象社　愛読者カード

書名

◉本書についてのご感想など

◉今後の小社の出版についてのご希望

◉本書を何によって知りましたか

・新聞・雑誌の記事を見て――新聞・雑誌名［　　　　　　　　］
・書評で――新聞・雑誌名［　　　　　　　　］
・小社の刊行案内で
・書店で見て
・その他［　　　　　　　　］

ご購読およびご協力ありがとうございました。今後、新刊案内などをお送りする際の資料とさせていただきます。

う揺るぎない地位を築いたわけですが、ここにきて、その地位も凋落傾向は否めません。

非鉄金属の場合、ロンドンにある金属取引所(LME＝London Metal Exchange)において金属の取引価格が決められ、日本の精錬会社は、金属の付加価値の精錬工程部分で生きていかなければならないのです。これも、資源開発から最終製品まで一貫した事業であればよいのですが、石油とともに精製・精錬という工程だけでは、産業としては一人前とは言えません。

余談ですが、日本の高度経済成長を支えた中東の石油の輸送で大儲けをした人物が、ギリシャの海運業者オナシスです。彼はイタリアオペラの世界的なプリマ歌手、マリア・カラスと別れて、元ケネディ米大統領夫人のジャックリーヌと結婚して贅沢三昧をさせることができたのも、日本への石油輸送のお陰だと言われたほどです。

生態系の破壊、生物多様性、資源の枯渇といった地球規模の問題から、資源開発も今後ますます制約を受けるとともに、環境コストの内部化が必要になってくると思われます。日本は二〇世紀における貿易立国、加工貿易の延長線上で経済を支えていくとすれば、しっかりした資源戦略を持たねばなりません。また、調達した資源・エネルギーの生産性を世界で最も高くするモノづくりの技術開発とともに、資源産出国の環境に配慮した買い付け行動をとるべきと考えます。

鉄・非鉄金属など工業製品のベースとなる資源のほかに、二一世紀のIT産業には欠かせないレア・アース(希土類)、レア・メタルについても、日本には全くと言ってよいほど産出されないことを考えると、資源・エネルギー問題はわが国にとってきわめて重要なのです。

製造業における垂直分業と資源の生産性

資源の生産性を考える時、各々の産業内、あるいは各々の企業内において生産性を上げる努力をしていけばよいわけですが、製造業において、ある製品を一貫生産しないで川上と川下で分業することがよくあります。その場合、資源が全く無駄に消費されることがあります。その典型的な例を紹介しましょう。

ＩＴ時代、情報通信インフラ整備には欠かせない材料である光ファイバーの例です。その成分は、二酸化硅素、純度の大変高い、いわゆる石英です。今、日本で光ファイバーをつくっているのは電線メーカーですが、その出発原料は、四塩化硅素という中間的なものなのです。この中間原料ともいうべきものをつくって、電線メーカーに売っているのは、化学会社です。この四塩化硅素は、インド、オーストラリア、ブラジル、中国などの海外から輸入した天然の石英の中に含まれる不純物を取り除くために、石英、すなわち二酸化硅素をいったん還元して、塩素をくっつけたものなのです。その塩素は、やはりオーストラリア、メキシコなど海外から輸入した塩を電気分解して、苛性ソーダとともに得ることができます。

電線メーカーでは、四塩化硅素の塩素を取り除いて、また酸素をくっつけることにより、光ファイバー用の純度の高い石英をつくり、それをファイバーにします。しかしその過程で、不要な塩素が出てくるので、こんどは化学会社から苛性ソーダを買ってきて反応させて、塩にして下水に流すのです。すなわち一方で塩を輸入して、一方では捨てているわけです。廃棄する塩をリサイクルするか、一貫工程として事業を垂直統合できれば、塩素は一貫工程の中でリサイクル使用が可能になり、資源の生産性は少なくとも倍になるはずです。

酸化チタンメーカーなどでは、やはり純度を高めるためにいったん四塩化チタンという中間体にしますが、この場合には、原料鉱物から最終製品まで一貫して同じ工場で製造されるために、塩素はリサイクルされます。

このように、分業しているために資源の無駄が生じ、生産性を落としている例は、この他にもあり、工程を統合することによってゼロエミッションが達成されて、資源の生産性が向上する可能性はいろいろあるはずです。このことは、国内産業だけでなく、国際的な分業が、トータルとしての資源生産性を落としている例も多々あると思います。

過剰品質のモノづくりと原材料資源に対する過剰品質要求

過剰品質に関しては、本章の2節「原料資源の選択的使用か均質化による使用か」のところでも触れましたが、過剰品質のモノづくりと原料資源に対する過剰品質要求は、日本においては、いまだにあらゆる産業分野で、何の疑問も持たれずにモノづくりのパラダイムとなっています。

過剰品質のモノづくりについて、具体的な例は枚挙に暇がないほどですが、思い付くままにいくつか例をあげてみましょう。

紙の白色度
自動車の塗装の表面平滑度
セメントの強度(耐久性とは違う)
陶磁器製品のほとんど目立たない小さなきずがあるものの排除
建材などの表面仕上げ、寸法精度、色模様の均一性
ホテルのように豪華なゴミ焼却場やし尿処理場の建物
野菜や果物の大きさ・色・形状が不揃いなもの(曲がったきゅうり、ふぞろいな玉葱)
商品の中身に対して不釣り合いに豪華な容器包装(化粧箱に入ったカボチャ)
家電製品の過剰な付帯的機能
…………

ここで、セメントの強度を例にとって、もう少し詳しく過剰品質について説明してみましょう。
日本のセメントの強度は、ＪＩＳ規格に定められた強度よりはるかに高く、その高強度のセメントが、汎用品としてあらゆる用途に使われています。本当に高い強度を要する建築用コンクリ

ートから、強度をあまり要しない、泥を固めたり、土間に打つコンクリートまで、日本全国どこでも同じ高強度セメントが使われているのです。ちなみに、欧米では、用途に応じてクラス分けされたセメントがつくられています。そのうえ、工場が立地されたところで得られる原料資源を無駄なく利用してできる品種のセメント、言い換えれば原料事情に応じた製品をつくっているのです。

このように、過剰な品質、すなわち強度があだになって日本のコンクリートの耐久性を落とす原因になっています。セメントの強度が高すぎると、なぜ耐久性を落とす原因になるのか説明しましょう。

コンクリートはセメントと水と砂利・砂を混ぜて練りますが、セメントと水の比率が設計基準として決められています。ところが高い強度のセメントを使って決められた水の量を守ると、生のコンクリートの流動性が悪くなり、ポンプで生コンを打つときに能率が落ちます。そのために、生コン会社は、水の割合を増やすように工事現場から要求されます。しかし、たとえ決められた水の比率を増やしても、日本のセメントはどの会社の、何処の工場でつくられたものでも、同じ高強度製品であるために、コンクリートの設計強度を達成できるのです。

ところが、ここに落とし穴があるのです。それは耐久性の問題です。すなわち、水が多い分、コンクリートが固まったあとに空隙を生じて耐久性を落とすことになるのです。それに、高強度のセメントに決められた水の比率を守ると、水とセメントの化学的な反応に際して、高い発熱量が原因でコンクリートが固まる際に収縮きれつが生じやすくなります。これも耐久性を落とす原因になります。

しかしながら皮肉なことに、一〇〇年前につくられたコンクリートの方が、今使われているそれに比べ、むしろ耐久性が高いという結果も出ています。それは、当時は適正な強度のセメントがつくられていたために、適正な水の比率を守らなければ、コンクリートの設計強度を得られなかった、それが結果的に耐久性をもったコンクリートとなっているのです。

このセメントの例にみるように、日本のモノづくりの基本的なパラダイムが問題なのです。過剰品質のモノづくりのためには、当然ながら、原材料資源に対する過剰な品質要求となるわけです。鉱物資源だけでなく、農作物や水産物にいたるまで一次産品産出国では、日本の商社やメーカーが、なぜそのように品質の良いところだけを選択して持って行くのか、どうしても理解できない、と言う声をよく聞きました。

鉱物資源の場合は、微量成分の含有量。野菜や養殖エビなどの場合は、その大きさと均一性、形状などです。

玉葱ときゅうりを例にとってみましょう。大きさがふぞろいの玉葱は、売れないので農家で一定のサイズのものを選別し、大きすぎるものと小さすぎるものは規格外品として、正規の価格では売れないので投げ売りされます。きゅうりの場合には、曲がったものは、やはり規格外品として二割程度でしか流通業者が買わない。ところが、規格外の野菜でも味と品質にはなんら関係ないばかりか、むしろ新鮮という消費者の理解によって、インターネットによる取り引きが始まりました。農家は、規格品とあまり変わらない価格で売れるようになったと言って大変喜んでいる、というテレビ放送を最近見て、IT化によって好ましいことが起こっていると思った次第です。このようなことが全国にどんどん広がることが望まれます。

また、モノづくりの過程においても、世界に冠たる日本のQC活動の〝次工程は、お客様〟というスローガンのもとに、前工程に過剰な品質要求をします。その前工程を川上に遡っていくと、結局、一次産品産出国に行き着くのです。

このように、過剰な品質のモノづくりとそれにともなう原材料資源に対する過剰な品要求が、結局、資源の生産性を落とす要因となっているのです。

これからのモノづくりのための品質要求は、最終製品の期待寿命、期待性能、そしてライフサイクルアセスメントを経た商品設計、すなわちエコデザインによって決めなくてはならないと思います。持続可能な発展、いや持続可能な消費のために、過剰品質のモノづくりを改めなければならない時期がきているのです。

動脈と静脈があまりにアンバランスなこと

資源循環型社会構築が声高に叫ばれている割には、動脈と静脈のアンバランス、すなわち静脈の貧弱さがあまりに目立ちます。人体でも、動脈と静脈の太さと機能が大きく異なれば、循環機能が働かないのは誰でも分かるはずです。

動脈側の産業では、たとえば、パソコンやＯＡ機器でも、いろいろなメーカーが競って、いろいろな材質、構造、デザイン、組み立て手順、そして部品のサイズと形状のものを大量生産しています。しかし、それらが使用済みとなって回収され、静脈側に廻ってきたとき、分解、リサイクルしようとすると、全くの手作業で、しかもメーカーごとに材質、構造、分解手順、部品のサイズと形状、あるいはネジの大きさひとつから違うために、大変な手間がかかるわけです。せめて、メーカー間で、可能なかぎり部品の材質、サイズ、形状、そして分解手順などを統一できれば、静脈側の労働生産性だけでなく、資源の生産性も上がるのではないでしょうか。あるいは、いっそのこと動脈側の企業が、静脈側の産業を取り込んでしまうほうが早道かも知れません。

今、日本における静脈産業、言い換えると環境産業の企業規模は、大きい方でたかだか売上げ高で一〇〇億円程度です。一方、欧米の環境産業の場合、数千億円から一兆円規模の、まさに大企業が育っているのです。特に、日本の場合は、廃棄物の定義が〝汚物・不用物〟であり、そのようなものは、歴史的に特定の業者に任せて、排出者はみずから責任をもって処理するという習慣、意識、そしてシステムがなかったと言えましょう。したがって、この〝汚物・不用物〟を資源として循環使用する、などということは誰も考えようとしなかったし、適正に処分することのみを旨として法律がつくられていたのです。そのため、廃棄物を再資源化したり、適正に処理するための事業などは大企業、あるいは、そうでなくても普通の企業は手を出すようなことではなくて、特定の業者に任せておけばよい、という感覚がいまだに残っているのではないでしょうか。これが、健全な静脈、すなわち環境産業が今ひとつ伸びにくい原因となっているばかりか、不法投棄が絶えず、最終埋め立て処分場の決定的な不足と規制強化があいまって、むしろ増加しているのです。

資源循環型社会の構築を叫ぶ前に、まずは健全な静脈産業を育てて、動脈産業とともに健康な循環系を早急につくりあげる必要があるのです。このことが資源の生産性を向上させる力となると思うのです。

その他の要因

サービスに対するマテリアル・インプットを減らすこと、すなわち資源の生産性の向上を、阻害する要因としては、前項までに述べたようなことのほかにも数多くあります。

1　モノを所有すること

たとえば、自動車の場合、所有より、欧米で行われ始めたカーシェアリングを行えば、人・物の移動というサービスに対して自動車、燃料というマテリアル・インプットを減らし、資源生産性を向上させることができます。

米国のインターフェイス社というじゅうたんメーカーは、じゅうたんを製造販売する事業からリース事業、すなわち、じゅうたんという製品を売るのではなく、機能とサービスを提供する事業に転換し、ゼロエミッションに限りなく近づき、大幅に資源生産性を向上させたことで有名になりました。しかも、原材料は再生可能なものを使用して顧客満足度の高い製品をつくり、収益を大幅に伸ばしているのです。

スウェーデンのエレクトロラックス社は、電気洗濯機を販売するのではなく、レンタルで電力消費量によって使用料金を支払うシステムを始めました。ただし、機能が陳腐化しないように、バージョンアップとモデルチェンジは行うようです。

ダスキンなども、その一例でしょう。回収されてきた使用済みダスキンは洗浄されるわけですが、その際に発生する汚泥や消耗して廃棄されるものは、セメントの原料や燃料として資源化されるので、まさに資源生産性が高く、ゼロエミッション事業の一つと言えましょう。

所有するということは、人の物欲を満足させますが、脱物質化によって資源効率を向上させ、環境効率を上げるためには、所有しないことが効果的です。

もうすでに、所有欲の対象でなくなってきた製品、あるいは商品も増えてきていると思います。そのようなモノは、どんどんその機能をサービスに転換していくとよいのではないでしょうか。

2　商品の多様化

多様化、あるいは多様性という言葉がよく使われます。これは概してよい意味で使われるようです。顧客ニーズの多様化、事業の多様化(多角化)、商品の多様化、消費者意識の多様化、文化の多様性、ライフスタイルの多様化、趣味の多様化、ファッションの多様化、価値観の多様化、人材の多様化、等々枚挙に暇がありません。

日本の、大量生産、大量消費による高度成長の経済と、その社会を支えたのは画一化でしょう。どこを切っても同じ、ということを表現するとき、よく使われる言葉として金太郎飴、というのがあります——画一的な学校教育、どぶねずみ色の背広を着た画一的なサラリーマン、タテ割り行政と護送船団方式による画一的な企業行動、画一的な職業意識と行動、画一的な価値観等々。この画一性に対する反省から、個性の尊重、人との違い、差別化、そして多様化と、変化が生まれてきているようです。

さて、このような画一性から多様性への変化によって、モノづくりも変わりました。少量多品種、差別化商品、多様な顧客ニーズへの対応といったことがそれですが、こうした変化は資源効率と環境効率が犠牲にされる原因になってはいないでしょうか。一つ一つの製品、あるいは商品の製造については配慮されたとしても、同じサービス・機能に対して多用な商品をつくるために、トータルとしては資源生産性は上がらないのです。ハイブリッドカーをつくる一方で、RV車生産を増強することは、市場主義経済の下では仕方ないことだとしても、長年にわたる省エネルギーの努力を、資源効率の悪い人気商品をつくることによって帳消しにしてしまう等の例は多いのです。

資源の限界、〝成長の限界〟に直面した今、個性の多様性、文化の多様性こそ尊重する必要があるのであって、モノづくりの多様性にも同じく価値を置いて、これを追求する必要はないのではないでしょうか。そして、多様なサービスを享受しながら、資源の消費量は少なく、環境負荷の小さいライフスタイルこそ追求すべきではないでしょうか。

3　過剰消費

あるサービスに対して、不必要に多量の資源を消費することがないでしょうか。

冷暖房、都会のイルミネーション、エネルギー消費、飽食とグルメ嗜好による過剰な食料消費と廃棄、洗髪、洗浄など異常とも言える清潔好きによる水資源の過剰消費。日本は、水には大変恵まれた国と言われてきましたが、今や「EVIAN」とか、「VITTEL」といった外国の飲料水を多量に輸入しています。また、食糧、飼料用穀物を大量に輸入しているのですが、この穀物を生産するには一トン当たり一〇〇〇トンの水が必要だとされています。したがって、日本は、穀物を通して穀物産出国の水を間接的に大量に消費している、と言えるのです。

今、世界で穀物輸入が、もっとも増えつづけているのは北アフリカ、中近東諸国です。それは、穀物一トン当たり一〇〇〇トンもの水を生産に消費するより、輸入に頼り、貴重な自国の水は工業化、あるいは飲料水として使う方が得策、という判断からと言われています。

以上、地球環境問題が天然資源といかに深くかかわっているか、そして近代物質文明のフロントエンド、すなわちインプットされる資源の生産性を高めることがいかに重要であり、生産過程、あるいは消費過程のテールエンド、あるいはエンド・オブ・パイプで発生する廃棄物の処理に汲々とするのみでは、問題の根本的な解決にはならない、ということを述べました。

さらに、資源生産性を高めようとするとき、それを妨げるものは何かを考えてみました。資源の生産性を大幅に上げようとするとき、それを阻害する要因を取り除いてやることが必要なのです。それには、まず指導者層、一般大衆にみられる資源についての知識と認識を高めることがぜひ必要だと思います。

最後に、本小冊子の〝資源生産性〟というテーマのよって立つ基本的な考え方を示しておきたいと思います。

南仏ニース近くのカヌールというところに本拠を置く、「インターナショナルファクター10クラブ」という、世界の知識人をメンバーとするNGOがあります。このファクター10クラブが、一九九七年に、〝政府とビジネスリーダーへのカヌール声明〟というものを発表しました。副題は〝エネルギーと資源効率性における10倍の跳躍の提言〟というものです。

この〝カヌール声明〟は、政府、産業界、学界、科学技術団体、国際組織、そしてNGOに対して、持続可能な発展のために何をなすべきか、大変説得力ある指針を与えるものと思うので、あえてその全文を以下に紹介させていただきます。

付録「カヌール声明」

一・一世代の内に各国家は、使用するエネルギー、資源やその他の材料の効率を10倍に増加させることができる。政府や非政府および産業界のリーダーとドイツ・ヴッパータール研究所に働く学界のリーダーからなるファクター10クラブは、その目標が今や技術の手の届く範囲にあると信じているし、また適切な政策と構造的な変革によれば、経済や政治の範囲にも持ち込むことができると信じている。その過程で、地域共同体の生活の質の向上、ビジネスにおける新たな機会の提供、改善された競争と雇用拡大が、そして豊かさの創出と、さらにはそのより公平な配分というったものが、確実に実現されるはずである。

10倍程度のエネルギーと資源の生産性の跳躍が、持続可能な社会的、経済的、環境的進歩にとっての基盤を強化するであろう。それはまた、自然からの全体としての物質フローを減少させるだろう。しかし、これは簡単な事柄ではない。それは、多くのフロントにおける行動と、国際機関、政府、産業、社会の大胆で新たな関与を要請するだろう。

一・最も重要なことは、そのような変化がすでに生じつつある新たな千年紀に、私たちがすでに突入したということである。この過去二〇―三〇年の間に、経済と技術の変化によって、単位生産当たりのエネルギーとある種の材料の使用量が減少した。経済成長の及ぼす環境への影響は過酷であった。新しい経済が出現すると、それはさらに効率的で持続性が高いものになり得る。それは、人々がより多くの商品、仕事、収入を生み出している一方で、単位生産当たりのエネルギーと資本の使用量が減少していることで確認される。この新しい経済は、新しい技術と資本、労働、資源、ならびにエネルギーの間の歴史的な関係における変化を含む、様々な要因の複雑な結合の結果である。それは変化に開かれた市場経済において最も明らかである。新しい経済は、世界の産業によって導かれ、転換しつつある。

一・この動きは、もう一つの因子によってさらに強化されている。すなわち、需要構造そのものがサービスへと動いていることである。工業化した国においては、ビジネスコストにおける生産の割合は、すでに二〇―二五%位に減少している。そしてこの傾向は、先進企業によってリードされているのである。

これらの傾向は、いくつかの国と産業でより明らかであるが、残念ながら、その意味する所は、一般的にはほとんど理解されていない。証拠が明白であるにもかかわらず、たとえば政府、企業、有権者のほとんどが、より多くの商品、仕事、収入を得るためにさらに多くのエネルギー、材料、資源を使用することが健全な経済である、と考えつづけているのだ。

この思考は、成長というものが、エネルギーの生産、資源の枯渇、環境悪化の確固たる拡大によって表される時代、死にゆく時代の大衆経済の遺物である。時代遅れとは言え、この考えは未だに財政、エネルギー、農業、森林やその他多くの分野で、新しく、効率的で、より持続可能な経済への移行を延引させたり、時には停滞させ、さらには逆行させるというように、公共政策を支配しているのだ。

一・この思考法は、また環境政策をも支配している。現在の環境政策は、経済のフロントエンドよりもむしろテールエンドに焦点を合わせている。それは生産性の向上よりも、むしろエンド・オブ・パイプの解決法や、資源処理、リサイクルを奨励している。そのもたらす所は、環境保全コストの確実な増大である。

環境破壊は、汚染のみならず、資源抽出を含む製造プロセスによっても引き起こされる。経済に取り入れられた全ての材料が、遅かれ早かれ排出物や廃棄物になることから、資源抽出はより重要な因子なのである。したがって、環境コストの縮小には、排出物の減少と、自然より抽出した資源フローそのものの縮小の両方が必要なのである。

一・産業は長い間、絶えず増大するエンド・オブ・パイプの環境保全の責任から逃れたい、と願ってきた。長年、先進企業は、そのためにどうすればよいかを熟知していた。七〇年代、八〇年代の間に、エネルギー、材料、資本のコスト上昇に押されて、彼らの製品がもっと軽く、耐久性のある材料を使い、より少ないエネルギーで生産できることを知った。彼らは、より少ない、フレキシブルな資本設備や、最低ラインの利益で、副産物のリサイクルや再利用のために生産プロセスを再設計できることも知ったのだ。実際、彼らは、新しいビジネス、新しい市場や新しい利益の中心となり得るエネルギー、資源、環境の効率性を高めるためのフロントエンドにおける投資や、エコインテリジェント製品やサービスの設計の基準を見い出している。

多くの研究は、経済のこの脱物質化の環境上の利益は、生産サイクルの始めに遡ることを示している。それらは、採鉱と採鉱廃棄物の減少、水の消費と汚染の減少、空気汚染、森林伐採や土壌侵食の減少に明らかである。

一・次の四〇—五〇年間に、豊かで、倍増する世界人口による消費水準の上昇は、ファクター4の食料生産の増大、ファクター6のエネルギー使用効率の増大、そして少なくともファクター8の収入の増大を必要とするだろう。もし私たちが、つい最近理解し始めたばかりのある臨界値の向こうに、地球生命圏を追いやることをせずに、これを達成するためには、政府はエネルギーと資源の生産性と、脱物質化をより大きな水準に到達させるために、産業や社会を奨励する政策を推進しなければならない。また、これらの利益が、〝ブーメラン効果〟を通して失われないことを確信するための政策を展開しなければならない。経験の教える所によれば、価格が一定の場合も、下落することによっても、効率増大のメリットは、高いレベルの消費によって容易に帳消しにされてしまう。

一・このように持続可能性は、次の千年紀に、開発を導くための、成功したパラダイムのカギとなる概念である。持続可能性は、自然、特にエネルギー、資源、化学物質、その他の材料の投入量に注目する。社会の目標と政策がセットされた時、環境と開発は社会と経済が非持続性開発のダメージコストを支払った後のテールエンドではなく、サイクルのフロントエンドで相互に支持的な関係にあるべきことを要請している。

一・短期間の内に豊かさを追求するという目標が、長期間における環境と経済へ与える結果を考えることなく、あまりにも多く掲げられてきた。人口の二〇％が、世界資源の八〇％を消費する中で、それは国内や国家間の貧富の差を際立たせ、私たちの共有の未来への危機を、協力して解決するという問題を複雑にしている。持続可能性は、長期と短期の目標の間の注意深いバランスと生活の満足度、公平さ、質に注目することを求めている。

この経路でいくと、私たちは質の高い生活を楽しみ続けることができ、開発途上国の人々にそれを移転することもできる。私たちは生命圏へより危害を加えない経済を創りだすことができる。そして生活するに値する地球を保全することができるのだ。この目的のために私たちは、政府、産業、国際組織、およびＮＧＯに新しい千年紀の戦略的目標としてエネルギーと資源の生産性においてファクター10の跳躍を採択するよう要請する。

一・いくつかの政府、国際的組織、および経済団体はすでにこの方向に動き始めた。オーストラリア、オランダは一九九五年にこの戦略を採択した。ドイツでは、さらに進んだ政策決定のために国民会議がドイツ経済の物質フローの定期的なアンケート調査を実施している。持続可能な発展のためのビジネス評議会（ＢＣＳＤ）と国連環境計画（ＵＮＤＰ）は、共同で環境効率におけるフアクター20の跳躍を要請している。ウイーンのオーストリア環境省は、新しく設立されたファクター10研究所と協力して、今やエコインテリジェント製品をデザインするために、中小企業を援助する情報キャンペーンを国単位で進めている。カナダ政府は、持続可能性基準に照らして政府の政策と計画をレビューし、議会へ毎年報告することを目的とした、環境と持続可能な発展のためのコミッショナーを任命した。ＯＥＣＤではファクター10を可能性のある政策として検討している。米国では、持続可能性発展のための大統領の諮問委員会が、ファクター10と環境効率に積極的な関心を示している。

私たちはまた、政府にこの目標を達成する手段にとって、現在、障害となっている政策を転換し、産業や科学技術団体による前向きな努力を奨励するような政策を要請したい。そして、これらの変革を政治的に指示することを産業組織とＮＧＯに要請する。

一・市場の力によって大きく動かされる技術は、エネルギーや材料の使用量を徐々に減少させることを可能にした。しかし、公的および私的研究所は、この可能性を十分発展させてこなかった。多くのキーとなる変革が必要である。

最も必要な変革は、人々やビジネスが市場から受けるシグナルや彼らが見つける動機を、経済や環境の現実と一致させることである。市場経済で最も重要で、人を誤らせやすいシグナルは価格である。

今日、市場において、エネルギーと資源のほとんどの価格は歪みを受けている。時には、政府の介入によって大幅に歪められている場合もある。税と財政補助、価格と市場政策、外国為替と保護貿易政策は、全て経済成長のエネルギーと資源へ依存する程度に影響を与えた。すべてエコロジカルな資本の貯蓄を高めたり、低めたりする度合に影響を及ぼすのである。同じことがある種の産業分野に対する政策についても当てはまる。

一・エネルギー助成金は、たいてい化石燃料や原子力を奨励し、効率性、バイオマス、自然エネルギーを不利にしている森林や開拓地、牧場への税の譲歩は、森林伐採、種の損失、土壌や水質の劣化を加速する。農薬への助成金は、過度の使用を促し、それによって人類の健康を脅かし、水を汚し、農薬に耐性のある種を増加させる。水資源開発や水利用のための助成金は、往々にして灌漑や産業用水、地方自治体の使い過ぎを招く。

これらの助成金は、一兆ドルにも達しており、これは冷戦の真っ只中において政府が兵器につぎ込んだ金額とほぼ同額である。それらは、間違ったやり方で経済成長における環境や資源の利用の仕方に影響を与えている。それらは、積極的に、非意図的に、持続不可能な発展につながる公的私的決定を奨励しているのだ。これは経済的に誤っており、貿易を歪め、環境を破壊するものであり、しかもこれらのことは、いつも同時に起こるのである。

一・これらの誤ったインセンティブを改革することは、同時に環境と経済に対して運動場を傾けるような価格の歪みの主要な原因を減らすことになるだろう。しかし、それは運動場を平らにはしないであろう。そのためには、政府は完全な価格づけをしなければならない。政府は製品、プロセス、サービスの環境コストを内部化するための手段を導入しなければならない。
何人かの専門家は、政府が、財源を増やす方法を徐々に精査すべきであると主張している。私たちは、明らかに間違ったものに税をかけているのだ。徐々に収入、貯蓄、仕事を創り出すような投資に対する課税を減らし、それに応じてエネルギー、資源抽出および利用、汚染、環境影響の大きな製品に対する課税を強化していくべきである。その移行は緩やかで、社会の貧困層に余分な負担をかけないように財政中立的なものにする必要があろう。それは、全体的な税負担を増やさず、消費パターンや産業のコスト構造に積極的な影響を与えるであろう。

一・これらの改革は、新たなエネルギーと資源の効率的な経済へ、より急速に移行するために、政府に市場の力を活用させることができる。それは、エンド・オブ・パイプ型の環境保護における命令―支配(Command and Controle)の必要性を減少させるであろう。そして、公的予算への負担をおおいに減らすことになるだろう。
政府は、産業界と共に現在誰も存在しないような市場を創出する時、より創造的であるべきである。取り引き可能な排出権や他のシステムを通して、市場は炭素や他の大気中に放出される温室効果ガスの減少を助け、政治的選択によってつながった他の環境目標を達成するために市場を活用することができる。

一・私たちはまた、政府に持続的発展のための富の新しい計測法と新しい表示法を開発し、採用することを求める。そして私たちは再び、産業界、NGOにこれらの変革を政治的に支援するよう要請する。

持続可能な発展の原則が広く採用されてはいるけれども、それに向かって前進することは、実用的な定義が見当たらないこと、資源利用における最も中心的な概念の欠乏によって妨げられている。持続可能な発展へ前進するために、私たちはしっかりとした方向指示が早急に必要であると信じている。環境品質を測る既存の指標は、開発のバックエンド、持続不可能な発展の環境に及ぼす効果、そしてこれらの効果を減少させるための付加的な政策と技術に集中している。持続可能な発展の指標は、開発サイクルのフロントエンドに、開発に要するエネルギー、資源、化学物質、およびその他の投入と、それらに影響を及ぼす政策に焦点を合わせるべきである。そのような指標の国際的合意が必要である。

物質フローのエコロジカル集約性を測るいくつかの簡単な尺度についても、国際的合意が必要である。そのような二つの尺度が、ヴッパータール研究所において開発されている。すなわち、単位サービス当たりの資源集約性(MIPS=Material Input Per unitService)と単位サービス当たりのコスト(COPS=the Cost Per unit Service)である。

一・私たちはまた、産業界のリーダーに、これらの変化を政治的に支持し、そしてそれぞれの企業において対応する変化を援助するように求めたい。

企業は、安定した経済および政治情勢と予測可能な市場に自然に関心を持つものである。持続可能な発展の文脈で考えると、環境はビジネスを行うことへのコスト増ではなくて、競争による利益確保の強力な要因になっているのだ。この概念を受け入れる企業は、すぐその利点に気づくことができる。それは、より効果的なプロセス、法律への適合性チェックのためのコスト低減、新しい戦略的市場への機会の増大である。

これには、企業のトップレベルの関与が不可欠である。代表取締役から始まる企業のトップリーダーは、全ての開発の基礎テストとして、またビジネスの計画、投資や製品、プロセス、市場戦略においてカギとなる原理として持続可能性を採用しなければならない。

一・ビジネスリーダーはまた、持続可能な発展の概念を統合するため、企業報告のシステムの中に、補足的な変更を行わなければならない。これは、経営者、投資家、関係者、その他の参加者に、その企業が単位生産当たりのエネルギー、自然資源、危険な化学物質、採掘量当たりの他の材料の投入量、廃棄物、資源放出物、自然資源の使用量が増加しているのか、減少しているのかを判断できる新たな手段を導入することを含んでいる。

一・私たちは全ての答えがわかっている、とは言っていない。直面しているいくつかの問題がある。自由な国際競争の制限が、その一例である。社会的政治的問題に関する産業界の果たすべき役割は、もう一つの問題である。私たちは、産業との長期的社会契約の構想を蘇らせるべきであろうか？　どのような新たな国際的協定やあるいは組織的構造が、運動場を平らにするために必要となるのか？

これらが不明確であるにもかかわらず、私たちはもし脱物質化プロセスが始まらなければ、私たちの社会組織と地球生態系の両方が、中間的にきわめて危機的状態に陥ることになると確信している。さらに私たちは、革命を通して突然変化を強いられるよりも、むしろ直ちに開始することによって新経済へ漸進的な移行を選択すべきである。

(了)